BEI GRIN MACHT SICH IHR WISSEN BEZAHLT

AF293314

- Wir veröffentlichen Ihre Hausarbeit,
  Bachelor- und Masterarbeit

- Ihr eigenes eBook und Buch -
  weltweit in allen wichtigen Shops

- Verdienen Sie an jedem Verkauf

Jetzt bei www.GRIN.com hochladen
und kostenlos publizieren

Bibliografische Information der Deutschen Nationalbibliothek:

Die Deutsche Bibliothek verzeichnet diese Publikation in der Deutschen National-
bibliografie; detaillierte bibliografische Daten sind im Internet über http://dnb.d-
nb.de/ abrufbar.

Impressum:

Copyright © 2009 GRIN Verlag, Open Publishing GmbH
Druck und Bindung: Books on Demand GmbH, Norderstedt Germany
ISBN: 9783640672196

Dieses Buch bei GRIN:

http://www.grin.com/de/e-book/154312/global-2000-oder-wo-sind-die-grenzen-
des-wachstums

Stephan Glöckner

'Global 2000' oder wo sind die Grenzen des Wachstums?

GRIN Verlag

Leopold-Franzens Universität Innsbruck

Fakultät für Geo- und Atmosphärenwissenschaften
Innrain 52, 6020 Innsbruck

Seminar zur Erdraumforschung

Sommersemester 2009

„Global 2000 oder wo sind die Grenzen des Wachstums"?

Verfasser: Glöckner, Stephan

Inhaltsverzeichnis

1. Vorwort

Größtenteils bezieht sich diese Seminararbeit auf das 1981 in den USA erschienene Buch „Global 2000" vom Verlag „Zweitausendeins" in Frankfurt am Main. Es handelt sich dabei um eine, aus dem Englischen ins Deutsche übersetzte Ausgabe in der ein Zukunftsblick bis in das Jahr 2000 stattfand. Interessanterweise lagen die Autoren in einigen Bereichen sehr genau und man prognostizierte, dass „sich die größten Folgen der Ressourcenausbeutung und Umweltverschmutzung erst ab dem Jahr 2000 einstellen werden". Somit ist diese damalige Veröffentlichung heute umso relevanter im Zuge des aktuellen Klimawandels.

2. Einleitung

Ab Mitte der 60er Jahre setzte ein umweltpolitisches Denken in den Industrienationen ein. Die Anfänge finden sich, im Jahr 1968 gegründeten Club of Rome wieder. Dieser (in Rom gegründete) Club ist eine nichtkommerzielle Organisation, deren Ziel es nach eigener Definition ist: „die gemeinsame Sorge und Verantwortung um, beziehungsweise für die Zukunft der Menschheit!"(http://de.wikipedia.ord/wiki/Grenzen_des Wachstums). Der Club of Rome veröffentlichte 1972 das Buch „Die Grenzen des Wachstums", unter der Mitarbeit von Dennis Meadows. In dieser Studie wurden erstmals Prognosen für die künftige Entwicklung der Welt aufgestellt. Am 23. Mai 1977 hielt der damalige demokratische Präsident der Vereinigten Staaten von Amerika, Jimmy Carter, eine Rede vor dem amerikanischen Kongress. Er forderte das Council on Enviromental Quality und das Außenministerium auf, in Zusammenarbeit mit der Atmospheric Administration, der National Oceanic, der National Science Foundation und mit der Enviromental Protection Agency und weiteren anderen Behörden eine einjährige Untersuchung durchzuführen. Es galt die Punkte Bevölkerungsentwicklung, natürliche Ressourcen und die Umwelt bis zum Jahr 2000 zu untersuchen und Entwicklungstrends aufzuzeigen. Nach Fertigstellung dieser Studie sollte sie der amerikanischen Politik als Grundlage für eine langfristige Planung dienen. Aus der einjährigen Untersuchung sind drei Jahre geworden und somit erschien im Jahr 1981 der Bericht an den amerikanischen Präsidenten mit der Bezeichnung „Global 2000". Unter der Leitung von Dr. Gerald O. Barney wurde unter Mithilfe und Einbeziehung von elf anderen Behörden* diese Studie fertig gestellt. Der Bericht gliedert sich in drei Bände. Die knapp 100 Seiten umfassende Einführung bildet den ersten Band, gefolgt von dem 1400 Seiten umfassenden zweiten Band - dem Technischen Bericht. Im dritten Band findet man die technische Dokumentation zu den Weltmodellen der amerikanischen Regierung. Meine Ausführungen beziehen sich auf die beiden ersten Teile (vgl. Global 2000, 1981, S. 19 ff.). Ziel meiner Arbeit ist es, die Inhalte der Studie „Global 2000" zu veranschaulichen und die Prognosen aufzuzeigen. Unterstützt wird dies von zahlreichen Abbildungen und Grafiken. Ich werde einen Vergleich der Prognosen mit dem Jahr 2000 wagen und darauf eingehen, wie die Studie von der damaligen Umweltpolitik bewertet wurde. Zum Ende der Seminararbeit werde ich versuchen, auf die „Die Grenzen des Wachstums" näher einzugehen.

James Earl „Jimmy" Carter (*1.10.1924 in Plains, Georgia), Präsident der Vereinigten Staaten von Amerika 1977-1981
* Folgende Behörden arbeiteten bei diesem Projekt zusammen: die Ministerien für Landwirtschaft, Energie und Inneres, die Agency for International Development, die Central Intelligence Agency, der Council on Enviromental Quality, das Außenministerium, die Enviromental Protection Agency, die Federal Emergency Management Agency, die National Aeronautics and Space Administration, die National Science Foundation, die National Oceanic and Atmospheric Administration und das Office of Science and Technology Policy

3. Die Vorgehensweise der Untersuchungen und Probleme
3.1. Die Annahmen der Studienleiter

Die Hauptaussagen der Studie (siehe Kapitel 4) gingen von drei Annahmen aus. Zum ersten, dass sich die Weltpolitik hinsichtlich der Bevölkerungs-, Umwelt- und Ressourcenpolitik nicht ändern würde. Dies hätte bedeutet, dass die Politik von 1977 unverändert bis zum Jahr 2000 so fortgeführt worden wäre. Dies wäre also eine Politik, in der dem Umweltschutz und dem nachhaltigen Umgang mit Ressourcen keine große Bedeutung zukommen würde.

Die zweite Annahme betrifft die technologischen Entwicklungen und Innovationen, sowie die Mechanismen des Marktes. Man nahm an, dass die technologischen Entwicklungen weiterhin schnell voranschreiten würden und es bei der Übernahme von neuen technologischen Entwicklungen und Innovationen keine Bedenken oder gesellschaftliche Widerstände gäbe. Jedoch komme es weder zu revolutionären Erfindungen oder Fortschritten noch zu katastrophalen Rückschlägen, wie etwa einer Pflanzenkrankheit, die wichtige Getreidesorten für die Ernährung des Menschen in Mitleidenschaft ziehen würde. Die dritte Annahme bezieht sich auf die internationale, politische und wirtschaftliche Stabilität. Es komme zu keiner Störung des internationalen Handels infolge von Kriegen, Disbalancen im internationalen Währungssystem oder politischen Konflikten (vgl. Global 2000, 1981, S. 37 ff.).

3.2. Der zeitliche Ablauf der Studie

Unter dem Vorsitz des Außenministeriums und dem Council on Enviromental Quality galt es, diese Studie mit ihren Daten und analytischen Modellen zu entwickeln. Miteinbezogen wurden Experten aus den genannten elf anderen Behörden, sowie auch Bürger außerhalb der Regierung und aus anderen Ländern. Man „traf sich von Zeit zu Zeit" (Global 2000, 1981 S.35) um die Methoden, die Vorannahmen und Modelle zu erarbeiten.

Man einigte sich darauf, dass die Resultate einiger Prognosen als Eingabedaten für andere Prognosen verwendet werden sollten. Somit befasste man sich zuerst mit den Bevölkerungs- und Bruttosozialprodukt-Prognosen. Diese wurden noch 1977 fertig gestellt. Diese Daten dienten dazu, die Nachfragemengen im Bereich der Ressourcenmodelle abzuschätzen. Zeitlich darauf folgte Ende 1977 und Anfang 1978 die Ressourcen-Prognosen und diese wurden wiederum mit den Umweltprognosen verknüpft, welche in den Jahren 1978 und 1979 fertig gestellt wurden (vgl. Global 2000, 1981, S. 35 ff.). Infolge der gewählten zeitlichen Abläufe und Vorgehensweisen der Studienleiter sowie der Annahmen, will ich kurz im nächsten Kapitel auf entstandene Probleme und Inkonsistenzen hinweisen.

3.3. Die Probleme und Inkonsistenzen der Studie

Die Beschränktheit der Informationsgrundlage für die einzelnen Behörden galt es zu überwinden und es war demzufolge viel Recherchearbeit und Informationsbeschaffung nötig. Ein weiteres Problem für die Studienleiter war die mangelnde Koordination der einzelnen Behörden untereinander. Es gab keine übergeordnete Instanz zur kontinuierlichen Überprüfung der Vorannahmen und der Modelle. (nach Global 2000, 1981, S. 34 ff.).

Wie bereits im Kapitel 3.1. erwähnt, wurde angenommen, es käme zu keiner Änderung der Umwelt- und Ressourcenpolitik. Es haben sich aber bereits kleinere Wendungen abgezeichnet, die in der Studie jedoch keinerlei Berücksichtigung finden. In einigen Regionen der Erde und auch in den USA kommt es bereits zur Aufforstung von abgeholzten Wäldern, zum Einsatz von umweltfreundlichen Düngemitteln, zum Aufbau von verbesserten Abfallbeseitigungssystemen oder zur Erforschung von Technologien, die die Abhängigkeit vom Erdöl verringern.

Die Modelle der verschiedenen Bereiche wurden so angelegt, dass sie sich nur schwer in einen konsistenten Zusammenhang stellen ließen. Die einzelnen Bereiche wurden in zeitlich langen Abständen von 1977-1979 (siehe Kapitel 3.2.) erstellt, mit unterschiedlichen Modellen und von verschiedenen Institutionen, was wiederum auf die, bereits erwähnte mangelnde Koordination zurückzuführen ist.

„Es ist sehr wahrscheinlich, dass die selben Ressourcen" (Global 2000,1981 S. 36), wie zum

Beispiel Energie und Rohstoffe, mehreren Sektoren zugeordnet wurden, da ihr einzelner Bedarf für einen Sektor nicht genau berechnet werden konnte.

Weiterhin stützte man sich auf die Prognose, dass das Vorhandensein von Land, Luft und Wasser in immer größeren Mengen ohne Berücksichtigung der Erhaltungsprobleme und Kostensteigerungen verfügbar sei. Die Prognosen des Berichtes lassen jedoch größte Zweifel an der Gültigkeit dieser Aussage aufkommen.

Trotz der genannten Probleme und Inkonsistenzen ist es der amerikanischen Regierung und den elf Behörden gelungen, ein umfassendes Bild der Welt bis zum Jahr 2000 zu entwerfen. Es wurde versucht, eine globale Prognose aufzustellen und die Studie „Global 2000" mit ihren Vorhersagen und Schlussfolgerungen sollte als Grundlage für die Politik der USA dienen. Folgende Einzelbereiche wurden untersucht: Die Bevölkerungsentwicklung, das Bruttosozialprodukt, das Klima, die Technologie, Nahrungsmittel und Landwirtschaft, Fischerei, Wälder und Forstwesen, Wasser, mineralische und andere Energieträger (Erdöl) und die nicht energetischen Mineralien (nach Global 2000, 1981, S. 36 ff.).

Es wurden künftige Trends und Schlussfolgerungen in den Bereichen Bevölkerungs-, Umwelt- und Ressourcenentwicklung aufgezeigt, die in den nächsten Kapiteln angeführt sind.

4. Die Entwicklung der Weltbevölkerung von 1975-2000

Das Untersuchen der Bevölkerungsentwicklung war der erste Bereich der Studie, welcher noch im Jahre 1977 abgeschlossen werden konnte. Aufgrund dieser Daten lies sich der Bedarf an Ressourcen berechnen. Der Bedarf an Mineralien, Energie, Nahrungsmitteln und Wasser hängt von der Anzahl der Menschen ab, die diese Ressourcen benötigen.

Anzahl der Weltbevölkerung in Mrd.

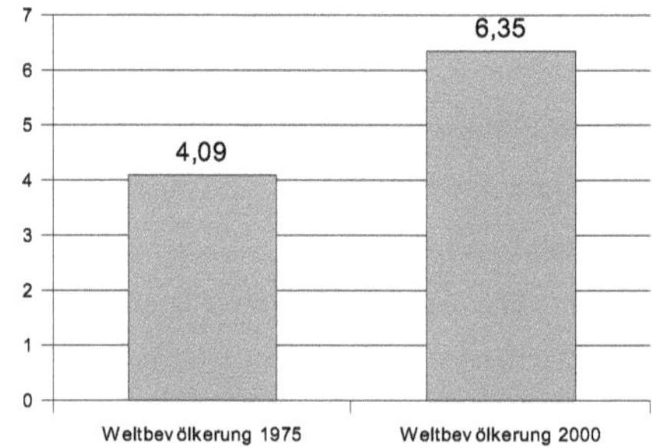

Abbildung1, eigene Darstellung nach Global 2000.

Das Bureau of the Census und Agency for International Development bekam die Aufgabe die Bevölkerungsentwicklung bis zum Jahr 2000 zu untersuchen. Die gleiche Aufgabe erhielt das Family Study Center (CFSC) von der Universität in Chicago. Beide Studien unterscheiden sich dadurch, dass das CFSC ein optimistischeres Bild der Weltbevölkerung zeichnet. Optimistisch bedeutet hierbei, dass es zu einem geringeren Bevölkerungszuwachs bis zum Jahr 2000 kommt, als in der Studie des Bureau of the Census und Agency for International Development (6,35 Mrd.). Ich beschäftige mich im nächsten Kapitel mit den Daten des Bureau of the Census und Agency for International Development. Bei den Daten des Bureau of the Census und Agency for International Development gibt es drei Datenreihen zur Auswahl. Die niedrige, die mittlere und die hohe Datenreihe. Sämtliche Ausführungen im Text sowie in Tabellen beziehen sich auf die Daten des mittleren Bereiches, da sie die „wahrscheinlichste Form der Weltbevölkerungsentwicklung" (Global 2000,1981 S. 150) darstellen. Demzufolge ging man von einer Gesamtbevölkerung im Jahr 1975 von 4,09 Mrd. und einer Bruttogeburtenrate* von 12 pro 1000 aus. Es wurde damit gerechnet, dass es zu einer Abnahme der Bruttogeburtenrate von 16% kommt und zu einer Abnahme von 26% der Bruttotodesrate im Zeitraum von 1977 bis 2000. Deswegen käme es zu einer Abnahme des natürlichen Bevölkerungswachstums von 1,8% im Jahr 1975 auf 1,6% bis zum Jahr 2000. Das Netto-Bevölkerungswachstum würde aufgrund des natürlichen Bevölkerungswachstums etwa 2,26 Mrd. Menschen betragen. Dies bedeutet, dass im Jahr 2000 die Erde von 6,35 Mrd. Menschen bevölkert werde. Die niedrigere Datenreihe geht von 5,92 Mrd. Menschen und die hohe Datenreihe von 6,8 Mrd. Menschen im Jahr 2000 aus.

*Bruttogeburtenrate: Zahl der Geburten pro 1000 Einwohner in einem Jahr, *Bruttosterberate: Zahl der Sterbefälle pro 1000 Einwohner in einem Jahr

Die Abbildung 1 zeigt die Zunahme der Weltbevölkerung von 4,09 Mrd. auf 6,35 Mrd. (mittlere Datenreihe) in 25 Jahren. Dies entspricht einer Steigerung der Weltbevölkerung um 55% in diesem Vierteljahrhundert (nach Global 2000, 1981, S. 143 ff.).

4.1. Die Unterschiede zwischen entwickelten Ländern und weniger entwickelten Ländern

Es ist zu erkennen, dass es zu einer stärkeren Zunahme des Bevölkerungszuwachses in den unterentwickelten Regionen kommt. Hierzu zählen China, Indien, Indonesien, „übriges Asien und Ozeanien" (Global 2000, 1981, S. 152), Afrika und „übriges Lateinamerika" (Global 2000, 1981, S. 152). Zu den entwickelten Regionen zählen das „gemäßigte Südamerika" (Global 2000, 1981, S. 152), die UDSSR, Ost-Europa, West-Europa, die USA, Japan und „übriges Nordamerika, Australien und Neuseeland" (Global 2000, 1981, S. 152). Die Rate des natürlichen Bevölkerungszuwachses ist in den weniger entwickelten Regionen (2,1%) deutlich höher als die der entwickelten Regionen (0,6%). Es kommt demzufolge in den entwickelten Regionen zu einem Nettozuwachs von 0,19 Mrd. Menschen. Demgegenüber kommt es in den weniger entwickelten Regionen zu einem Nettozuwachs von 2,07 Mrd. Menschen. Exemplarisch herausgegriffen sei hier das Beispiel Afrika. Dort kommt es im genannten Zeitraum zu mehr als einer Verdopplung der Einwohnerzahl (von 399 Millionen auf 814 Millionen). Dies entspricht einer Steigerung um 104%. Für einzelne Länder kommt es dabei zu einem noch höherem prozentualen Anstieg. Für Nigeria wurde ein Anstieg von 111% (von 63 auf 135 Millionen Menschen) erwartet. Eine Steigerung von lediglich 14% hat Westeuropa zu verzeichnen. Im Jahr 1975 lebten in Westeuropa 344 Millionen Menschen, welche sich bis zum Jahr 2000 auf 378 Mill. erhöhen sollten. Es ist zu erwarten, dass diese charakteristischen Unterschiede in der Zukunft weiter bestehen werden, so wie es für das Jahr 2000 prognostiziert wurde (vgl. Global 2000, 1981, S. 153)

5. Die wirtschaftliche Entwicklung von 1975 - 2000

Als Grundlage für die Ausführungen über die wirtschaftliche Situation diente das
Bruttosozialprodukt*. Da den Autoren der Studie kein anderes „angemessene, integriertes und
analytisches System" (Global 2000, 1981 S. 191) zur Verfügung stand, entschied man sich, eine
allgemeine Leitlinie wie das Bruttosozialprodukt heranzuziehen. Die Ausgangsdaten für das Jahr
1975 lieferte die Weltbank im Jahr 1976. Die Abbildungen 2 und 3 beinhalten die Angaben der
mittleren Datenreihe des Wirtschaftswachstums und beziehen sich auf den Wert des US-Dollars von
1975.

*Das Bruttoinlandsprodukt ist der zusammengefasste Wert aller Endprodukte und Dienstleistungen, die in einem Land
innerhalb eines Jahres produziert werden. Das Bruttosozialprodukt unterscheidet sich vom Bruttoinlandsprodukt durch
Abstellung auf den Eigentumsaspekt anstelle des Standortes von Produktionsanlagen (vgl. VO Grundlagen der
Volkswirtschaftslehre, 2006).

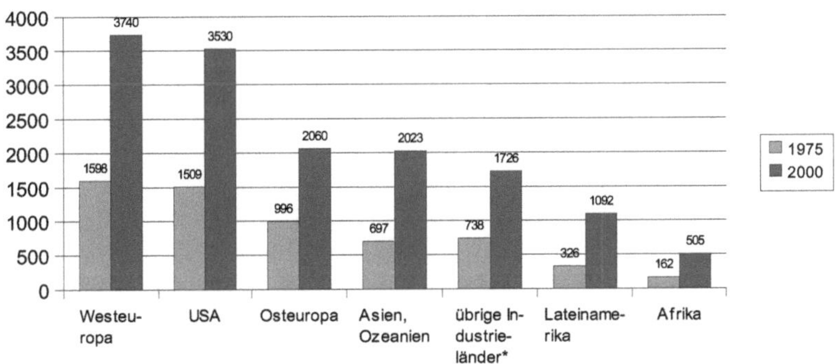

Abbildung 2, eigene Darstellung nach Global 2000   *einschließlich Australien, Kanada, Japan und Neuseeland

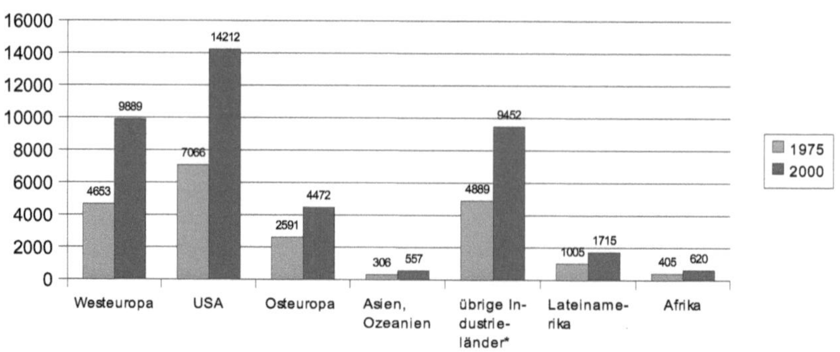

Abbildung 3, eigene Darstellung nach Global 2000   *einschließlich Australien, Kanada, Japan und Neuseeland

In der Abbildung 2 zeigt sich für alle Regionen ein deutliches Wachstum des Bruttosozialprodukts im Zeitraum von 1975-2000. Überall kommt es zu mehr als einer Verdopplung des BSP. Westeuropa (von 1598 Mio. $ auf 3740 Mio. $) und die USA (von 1509 Mio. $ auf 3530 Mio. US $) verzeichnen die höchsten Ausgangs- und Endwerte dieser Abbildungen. Den Schluss bildet Afrika mit einem Ausgangswert von 162 Mio. $ und einem Endwert im Jahr 2000 von 505 Mio. $. Die Werte des Bruttosozialproduktes auf die Bevölkerungszahl der jeweiligen Regionen aufgeteilt ergibt ein anderes Bild (vgl. Abb. 6). In Westeuropa (von 4653 $ auf 9889 $), den USA (von 7066 $ auf 14212 $) und in den übrigen Industrieländern (von 4889 $ auf 9452 $) wie zum Beispiel Australien, Kanada, Japan und Neuseeland verdoppelt sich das Bruttosozialprodukts pro Kopf nahezu. In Osteuropa (von 2591 $ auf 4472 $) und Lateinamerika (von 1005 $ auf 1715 $) kommt es zu einer moderaten Steigerung und in Afrika (von 405 $ auf 620 $) und Asien (inklusive Ozeanien, von 306 $ auf 557 $) kommt es nur zu einer leichten Steigerung des Bruttosozialprodukts pro Kopf. Zu beachten ist, dass bei den weniger entwickelten Ländern von einem sehr niedrigen Wert ausgegangen wird. Eine Ursache, dass es in den weniger entwickelten Regionen nur zu einer leichten Steigerung des BSP pro Kopf kommt, ist der Bevölkerungszuwachs. Es kommt in einzelnen Regionen (Nigeria) zu Bevölkerungszuwachsraten von über 100% im Zeitraum von 1975-2000 (siehe Kapitel 4.1.). Diese hohe Kluft zwischen den entwickelten Ländern und den weniger entwickelten bedarf drastischer Veränderungen der Wachstumsraten um dieses Ungleichgewicht zu beseitigen (nach Global 2000, 1981, S. 191 ff.).

6. Die Klimatischen Veränderungen von 1975 – 2000

Die vom Landwirtschaftsministerium, von der National Oceanic and Atmospheric Administration, der National Defense University und der Central Intelligence Agency erstellten Klimaszenarien

ließen sich für die Studie von Global 2000 nicht nutzen. Es stellte sich heraus, dass kein anderes
Modell die Klimadaten verarbeiten kann. Die Energie-, Wasser-, Nahrungsmittel- und
Forstwirtschaftsprognosen setzten voraus, dass sich das Klima von 1975 bis zum Jahr 2000 nicht
verändern würde. Trotzdem wurden drei vereinfachte Szenarien entwickelt, wobei die Jahre von
1941-1970 als Null-Bezugsbasis diente (siehe Abb. 7). Die Breitenzonen sind in diesem Kapitel wie
folgt zu definieren: Polare Breiten – 65° bis 90°, höhere mittlere Breiten – 45° bis 65°, niedrigere
mittlere Breiten – 30° bis 45 °, subtropische Breiten - 10° bis 30° und die Tropen reichen von 0° bis
10°.

Im ersten Fall käme es zu keiner Veränderung des Klimas (Vgl. Abb. 7). Die Temperaturstatistiken
und die Niederschlagsstatistiken entsprächen denen des Zeitraums von 1941 bis 1970. Es würde in
den USA weiterhin alle 20-22 Jahren zu einer Dürreperiode kommen, in Indien zu selteneren
Monsunausfällen und die afrikanischen Sahelzone würde künftig von schweren Dürreperioden
verschont bleiben.

Im Fall zwei wird von einer Erwärmung (vgl. Abb. 7) der Welttemperatur um 1°C ausgegangen.
Die stärksten Erwärmungen verzeichnen im Fall zwei die Polarregionen und die höheren Breiten. In
den Tropen kommt es nur zu einer leichten Erwärmung. Um fünf bis zehn Prozent wird die
Niederschlagswahrscheinlichkeit zunehmen.

Im dritten Fall kommt es zur Abkühlung (vgl. Abb. 4) der Welttemperatur um 0,5°C. Dabei haben
die höheren und mittleren Breiten eine Abkühlung von 1°C zu verzeichnen und in den Tropen und
Subtropen tritt nur ein sehr geringer Wandel der Temperaturen ein. Die Niederschlagsmengen
werden weltweit sinken (nach Global 2000, 1981, S. 209 ff.).

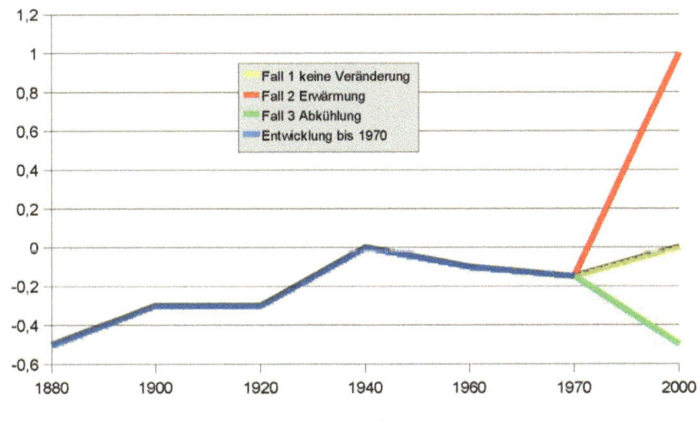

Abbildung 4, eigene Darstellung nach Global 2000

7. Wann sind die Erdölressourcen aufgebraucht?

Erdöl ist einer der wichtigsten Rohstoffe der modernen Industriegesellschaft. Er wird für fast alle Verkehrs- und Transportmittel als Treibstoff genutzt und dient zur Erzeugung von Elektrizität und in der Industrie zur Herstellung von Kunststoffen. Erdöl trägt auch wegen der genannten Einsatzbereichen die Bezeichnung „Schwarzes Gold". Seit der Ölkrise im Jahr 1973 stellte man sich immer wieder die Frage wann die Erdölressourcen aufgebraucht sind. Das amerikanische Energieministerium wurde mit Unterstützung des Bureau of Mines und des Geological Survey beauftragt, die mineralischen Brennstoffe zu untersuchen und Prognosen aufzustellen, die bis zum Jahr 2000 reichen sollten.

Es gibt schätzungsweise weltweit 2000 Mrd. Barrel Öl. Ein Barrel Öl entspricht 159 Litern. Von diesen 2000 Mrd. Barrel Öl wurden bis zum Jahr 1978 339 Mrd. (Barrel Öl) bereits verarbeitet und verbraucht. Dies ergab einen Restbetrag von 1661 Mrd. Barrel Öl die der Menschheit noch zur Verfügung stehen würden. Von diesen 1661 Mrd. Barrel Öl sind allerdings 646 Mrd. Reserven, die im Jahr 1970 zur Verfügung standen. Das heißt, dass etwas über 1000 Mrd. Barrel Öl als Ressource noch entdeckt werden müssten.

Im Jahr 1976 belief sich die weltweite Erölproduktion auf 21,7 Mrd. Barrel. Folglich würde bei konstantem Verbrauch von jährlich 21,7 Mrd. Barrel Öl, die Weltölreserven in 30 Jahren und die Weltölressourcen in ca. 77 Jahren verbraucht sein. Da in den letzten Jahren der Erdölverbrauch aber kontinuierlich gewachsen ist, kann man nicht von einem kontinuierlichen Verbrauch ausgehen, so dass die weltweiten Ölreserven und Ölressourcen eher aufgebraucht sein dürften. Man war der Ansicht, dass der konjunkturelle Höhepunkt der Erdölproduktion Mitte der 90er Jahre erreicht werde (vgl. Global 2000, 1981, S. 413 ff.). Die Abbildung 5 soll grafisch veranschaulichen, wie viel Erdöl bis 1977 genutzt wurde und welche Ressourcen und Reserven der Menschheit noch zur Verfügung stehen würden.

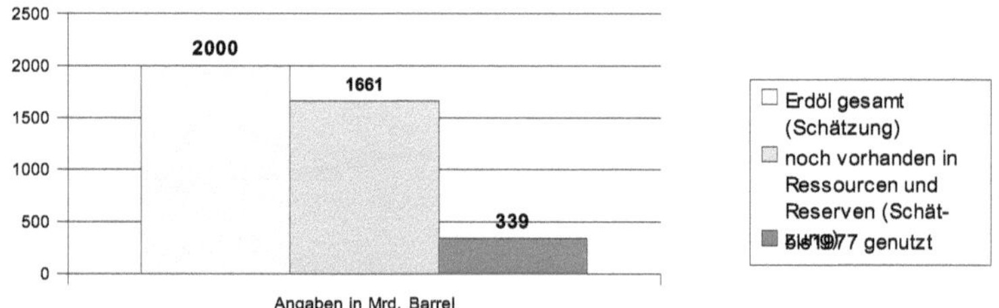

Abbildung 5, eigene Darstellung nach Global 2000

In der Studie wurde angeführt, dass die kommunistischen Länder 15% der Welt-Erdölreserven und schätzungsweise 25% der Weltölressourcen besitzen. Mit Ausnahme der UDSSR besitzen aber die Industrieländer mit den höchsten Erdölverbrauchsraten die kleinsten Reserven und Ressourcen. Demzufolge komme es in den nächsten Jahren zu signifikanten Kapitalsüberweisungen der Industrieländer (Ausnahme UDSSR) an die Länder mit hohen Erdölreserven, um ihren Bedarf an Erdöl zu decken. Dies bedeute, dass es am Weltmarkt zu einer deutlichen Verteuerung (um 65% bis 1990) des Erdölpreises bis zum Jahr 2000 kommen werde(vgl. Global 2000, 1981, S. 396 ff.). Dies hat Einfluss auf viele Wirtschaftsbereiche, was im nächsten Kapitel prognostiziert wird.

8. Die Prognosen für Nahrungsmittel, Wasser, Wälder, mineralische Rohstoffe und Energie

Es wird angenommen, dass es zu einer Steigerung der Nahrungsmittelproduktion von 90% kommen wird. Dies bezieht sich auf den Zeitraum von 1970 bis 2000. Das Bewirtschaftbahre Land wird aber lediglich um 4% anwachsen, da schon fast alles erschlossen ist, was möglich ist. Um den enormen Lebensmittelbedarf aufgrund der erhöhten Bevölkerungszahlen zu decken, wird der Einsatz von Kunstdünger, Pestiziden und künstlichen Bewässerung notwendig sein. Dies verursacht hohe Kosten, weshalb die Nahrungsmittelpreise bis zum Jahr 2000 um 95% steigen werden. Düstere Aussichten werden erneut für die weniger entwickelten Regionen, speziell für Afrika vorhergesagt. Es wird zu einem Rückgang des Nahrungsmittelverbrauchs pro Kopf kommen. Die zur Verfügung stehende Nahrungsmittelmenge wurde und wird in manchen Regionen nicht ausreichen, um ein normales Körpergewicht und eine normale Gesundheit zu gewährleisten. Die Schätzung ergab, dass im Jahr 2000 etwa 20% (1,3 Mrd.) der Menschen unterernährt sein werden. Sollte sich an der bisherigen Nahrungsmittelpolitik nichts ändern, so komme es zu einer beschleunigten Bodenerosion, zur kostenintensiveren Bewirtschaftung aufgrund der Ölpreissteigerung und zu einem Verlust der natürlichen Bodenfruchtbarkeit durch den Einsatz von Kunstdüngern und Pestiziden, weshalb die Aufrechterhaltung der Erträge nur durch den Einsatz noch besserer Dünger und Bewässerungsanlagen möglich sei. Dies führe zu einem katastrophalen Kreislauf der darin endet, dass es zu einer geringeren Produktionsmenge von Nahrungsmittel käme, die extrem teuer sein würden. Die hätte zur Folge, dass aufgrund des Bevölkerungswachstums mehr Menschen an Unterernährung leiden müssten wie bisher. 1970 mussten 12% der Weltbevölkerung an Unterernährung leiden und im Jahr 2000 würden es 20% sein (nach Global 2000, 1981, S. 253 ff.).

Die Prognosen für das Bevölkerungswachstums im Kapitel vier und für die Nahrungsmittelentwicklung lassen auf eine schnell wachsende Nachfrage nach Süßwasser schließen. Im Jahr 2000 würde es eine Steigerung des Süßwasserbedarfs von 200-300% geben im Vergleich zum Jahr 1975. Den größten Anteil daran hat die eben erwähnte künstliche Bewässerung für die Aufrechterhaltung der Nahrungsmittelerträge. Ein ebenso großer Teil fällt auf die Entwicklung der Bevölkerung, die den Süßwasserverbrauch in die Höhe schnellen lässt. Ein großer Teil der erhöhten Nachfrage beträfe erneut die weniger entwickelten Länder, wo es zu einer Verschärfung des Wassermangelproblems komme (vgl. Global 2000, 1981, S. 62 ff.).

In den weniger entwickelten Regionen wird der Waldbestand um bis zu 40% schrumpfen, in den entwickelten Regionen lediglich um 5%. Es wird vorausgesagt, dass bis zum Jahr 2020 praktisch der gesamte zugängliche Wald in den weniger entwickelten Regionen abgeholzt worden ist. Die weltweite Waldfläche wird sich im Jahr 2020 bei einer Größe von 1,8 Mrd. Hektar stabilisieren. Die Holzpreise werden in den entwickelten Regionen (sowie in den weniger entwickelten Regionen) aufgrund gestiegener Nutzung für Papier, Schnittholz, Holzplatten beziehungsweise in den weniger entwickelten Ländern zum Heizen und Kochen steigen (nach Global 2000, 1981, S. 313 ff.).

Aufgrund eines hohen Lebensstandards der entwickelten Länder wird im Jahr 2000 jenes Viertel der Weltbevölkerung, welches in den Industrieländern lebt, etwa 75% der Weltproduktion von mineralischen Rohstoffen verbrauchen. Zu den mineralischen Rohstoffen zählen beispielsweise Fluor, Zink, Phosphat, Aluminium und viele andere auch. Positiv ist, dass die mineralischen Ressourcen in den nächsten Jahrzehnten nicht erschöpft werden. Anzumerken ist aber, dass die Erschließung in den nächsten Jahren teurer als bisher sein dürfte, da es zu einer prognostizierten Ölpreissteigerung kommen werde (nach Global 2000, 1981, S. 429 ff.).

Der Bedarf an Energie wird in sämtlichen Bereichen steigen. Dem Energieministerium war es nicht möglich, Energieprognosen über das Jahr 1990 hinaus zu erstellen. Deshalb beziehen sich sämtliche Daten auf die Jahre 1977 bis 1990. Der Bedarf an Nuklear-, Wasser-, und Sonnenenergie sowie der Bedarf an Öl, Kohle und Erdgas zur Energiegewinnung werden bis 1990 stark steigen. Die höchsten prozentualen Steigerungen verzeichnet die Kernenergie mit 226% und Öl mit 58%. Gleichzeitig mit der Steigerung des weltweiten Energiebedarfs erhöht sich auch der weltweite pro Kopf Verbrauch an Energie (vgl. Global 2000, 1981, S. 72 ff.). Einen Überblick über die genannten Steigerungen und Rückgänge ausgewählter Bereiche soll die Abbildung 6 geben.

Bedarfssteigerung und Rückgänge einzelner Ressourcenbereiche in % im Vergleich vom Ausgangsjahr bis zum Prognosejahr

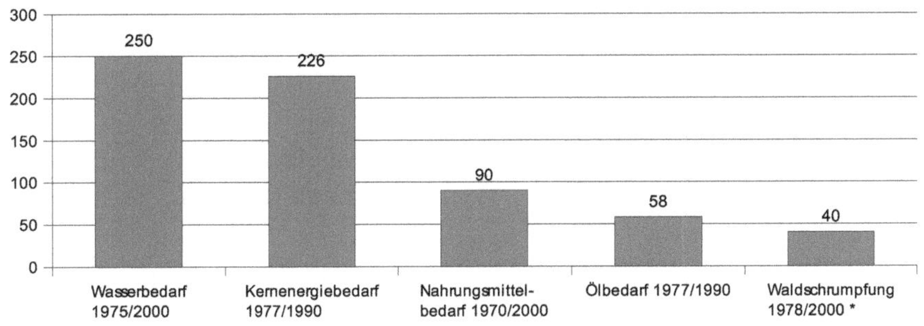

Abbildung 6, eigene Darstellung nach Global 2000 *in weniger entwickelten Ländern

9. Die Folgen der Prognosen für die Umwelt und die Menschheit

Sämtliche bisher beschriebenen Prognosen haben zum Teil gravierende Folgen für die Umwelt. In den nächsten Unterkapiteln wird versucht, die Zusammenhänge und Kreisläufe näher zu erörtern und darzustellen

9.1. Die Folgen für die Landwirtschaft

Die Folgen für die Landwirtschaft haben weitreichende Auswirkungen. Es kommt vermehrt zu Bodenerosion, zur Bodenverdichtung, zum Nährstoffverlust der Böden und zur Versalzung des Bodens. Es kommt ebenso zu Ackerlandverlust aufgrund der Städteausdehnung auf bisher bewirtschaftetes Gebiet und zu Ernteschäden wegen zunehmender Wasser- und Luftverschmutzung. Durch die Ausbreitung wüstenähnlicher Zustände und durch das Abholzen der letzten Baumbestände für Brennholz kommt es vor allem in den weniger entwickelten Ländern zu weiteren Bodenverlusten. Aufgrund des Einsatzes von Kunstdünger und Pestiziden wird die natürliche Fruchtbarkeit der Böden herabgesetzt, da die Böden die organischen Bodenbestandteile verlieren, was langfristig zu einem Auflassen des Bodens aufgrund zu niedriger Erträge führen wird. Aufgrund der hohen Bevölkerungszahl und der Schrumpfung der Erträge sind vor allem in den weniger entwickelten Regionen zu wenig an Nahrungsmitteln vorhanden, was zur Unterernährung und somit zur geistigen und körperlichen Behinderung von Menschen führen wird (nach Global 2000, 1981, S. 77 ff.).

9.2. Die Auswirkungen auf die Wasserressourcen

Man ist der Ansicht, dass die Wasserqualität aufgrund der bisher erwähnten Prognosen sinken werde. Durch den Einsatz von langlebigem chemischen Kunstdünger und Pestiziden in der Landwirtschaft gelangen giftige Stoffe in das Grund- und Trinkwasser, wodurch die Qualität beeinträchtigt wird. Durch den Einsatz der genannten Dünger kommt es zu einer Versalzung des Wassers und der Flüsse und dies kann zu vermehrtem Fischsterben führen. Somit fällt für die, nicht an Küsten lebende Bevölkerung, die lebenswichtige Proteinzufuhr durch Fisch weg. Eine weitere Verschmutzung des Wassers und der Flüsse wurde und wird unterhalb großer Städte durch die Abfälle der Industrie beobachtet. Diese Industrien produzieren alltäglich verwendete Produkte. Aufgrund sämtlicher Steigerungen der Prognosen (mehr Bevölkerung, höheres BSP) wird nicht davon ausgegangen, dass sich dies bis zum Jahr 2000 ändern wird. Eher wird die Fluss- und Wasserverschmutzung stark zunehmen und dadurch die Ausbreitung von Krankheiten befürchtet. Durch die Verbauung von Gewässerlandschaften (Küsten, Deiche, Flussbegradigungen) kommt es zwar zur Landgewinnung aber der Verlust von Fauna und Flora geht damit einher. Zahlreiche Lebewesen und Pflanzen werden aufgrund der Erschließung von Küstengebieten verdrängt und werden bei zunehmender Erschließung aussterben. Gleichzeitig wird durch die Flussbegradigungen die Fließgeschwindigkeit der Flüsse erhöht und dem Fluss wird Fläche genommen, die bei Hochwasser überflutet werden könnten (nach Global 2000, 1981, S. 81 ff.).

9.3. Die Auswirkungen der Waldschrumpfung

Die vorhersehbare Schrumpfung des Waldbestandes in den weniger entwickelten Ländern führt zur Auswaschung des Bodens und somit zur Verschlammung von Flüssen, Stauseen und Bewässerungsanlagen. Der Wald als Wasserspeicher entfällt und somit sind solche Regionen anfälliger für Hochwasserereignisse, was wiederum zu Ernteschäden führen kann. Vor allen in den tropischen Wäldern besteht ein kompliziertes Gleichgewicht zwischen Bodenform und Bodenbeschaffenheit, der Temperatur und den Niederschlägen. Sollte dieses Gleichgewicht aus der Balance gebracht werden, durch Abholzung um Land für die Landwirtschaft zu gewinnen, so besteht die Gefahr, dass nicht einmal produktives Weidegras nachwächst und diese Böden für lange Zeit nutzlos sind (vgl. Global 2000, 1981, S. 83 ff.).

9.4. Die Auswirkungen der Nutzung von Kernenergie

Noch vor dem Reaktorunglück von Tschernobyl im Jahr 1986 wiesen die Autoren der Studie darauf hin, dass die Folgen der Nutzung von Kernenergie sehr gravierend sind. Die Gefahr der Verseuchung und Verschmutzung der Umwelt durch radioaktive Abfälle nehme zu. Bis zum erscheinen der Studie im Jahr 1981 hat noch keine Regierung ein anwendungsfähiges Konzept vorgestellt, um diese Gefahren zu bannen. Dabei steigt die Menge an radioaktiven Abfällen und die Nutzung der Kernenergie (Bedarfsteigerung um 226% werden prognostiziert, vgl. Kap. 8) stark an. Diese Aussichten scheinen düster zu sein und werden unterstützt durch die Tatsache, dass die Nebenprodukte der Kernenergie Halbwertszeiten haben „die annähernd fünfmal so lang sind wie die Periode der überlieferten Geschichte" (Global 2000, 1981, S. 86).

9.5. Das Aussterben von Pflanzen- und Tierarten

Nach Schätzungen ist mit einem Verlust von Pflanzen- und Tierarten zu rechnen. Die Schätzungen belaufen sich auf 0,5 Millionen bis 2 Millionen Arten, die bis zum Jahr 2000 aussterben werden. Die Ursachen für diesen beispiellosen Rückgang der Flora und Fauna ist die Umweltverschmutzung und die Verdrängung der Tier- und Pflanzenarten durch den Menschen. Zwei Drittel dieser prognostizierten Rückgänge werden auf die tropischen Wälder entfallen. Somit verliert die Menschheit wertvolle Nahrungsmittel (Nüsse, Früchte) und die Artenvielfalt wird zunehmend bedroht (vgl. Global 2000, 1981, S. 86 ff.).

9.6. Die Folgen für unser Klima

Weltweit wird es in den Großstädten aufgrund der vorhandenen Industrie zu Luftverschmutzungen kommen. Durch die Verbrennung von fossilen Brennstoffen entstehen Rückstände wie Schwefeldioxyde, Staubteilchen, Stickstoffdioxyd und Kohlenmonoxyd, die durch die Industrie in die Luft geblasen werden und zu einer Verschlechterung der Luftqualität in Ballungszentren führen werden. Dabei gehen Schwefel- und Stickstoffoxyde eine Verbindung mit Wasserdampf ein, was zu sauren Niederschlägen führen kann. Hierbei beläuft sich der Säuregrad des Regens zum Teil auf Werte von 4,5. Saurer Regen schädigt Gewässer, Wälder und Böden und somit verschlechtern sich auch die Ernteerträge und das Vorhandensein von einer gesunden Flora und Fauna wird beeinträchtigt (nach Global 2000, 1981, S. 493 ff.).
Eine steigende Konzentration von Kohlendioxyd wird als besorgniserregend bezeichnet, da dies zu einer Erderwärmung führen könne. Dieser Vorgang wird als Treibhauseffekt beschrieben. Durch die Kombination von hohem CO^2- Gehalt in der Luft und einer Schrumpfung der Waldbestände könne es zu einem Temperaturanstieg von 2-3° in den mittleren Breiten kommen. Dabei wäre der Temperaturanstieg an den Polen der Erde sogar um bis zu viermal größer. Es wird in diesem Fall ein Temperaturanstieg an den Polen von 5-10° erwartet. Dieser Anstieg führe zum Abschmelzen der Eiskappen an den Polen und zum Abtauen des Grönlandeises, wodurch der Meeresspiegel um bis zu einem Meter steigen könne, was zum Verlust von ganzen Regionen führen würde (ganze Küstenstädte, Teile Hollands und Bangladesh).

Durch den Einsatz von Spraydosen, anorganischem Stickstoffdünger und Kühlmitteln wird durch den damit verbundenen Ausstoß von Fluorkohlenwasserstoffen die Ozonschicht bedroht. Die Ozonschicht in der Stratosphäre schütz unsere Erde vor ultravioletten Strahlen. Ist die Ozonschicht zerstört, so können die ultravioletten Strahlen ungehindert zur Erdoberfläche gelangen und dies kann zu vermehrter Hautkrebsbildung beim Menschen und zu Schäden an Feldfrüchten führen. Die Welt wird anfälliger sein für Naturkatastrophen und „Die größten Auswirkungen werden sich erst einige Zeit nach dem Jahr 2000 einstellen" (Global 2000,1981, S. 90).

10. Die Forderung der Studie an die Politik

Die Einleitung der Studie endet mit der Perspektive: "Die Schlussfolgerungen, zu denen wir gelangt sind, sind beunruhigend. Sie deuten für die Zeit bis zum Jahr 2000 auf ein Potential globaler Probleme von alarmierendem Ausmaß (...) Weltweite Veränderung der Politik ist erforderlich, bevor sich diese Probleme weiter verschlimmern und die Möglichkeiten für wirkungsvolles Handeln immer stärker eingeschränkt werden (...) Angesichts der Dringlichkeit, Reichweite und Komplexität der vor uns liegenden Herausforderungen bleiben die auf der ganzen Welt in Gang gekommenen Anstrengungen allerdings weit hinter dem zurück, was erforderlich ist. Es muss eine neue Ära der globalen Zusammenarbeit und der gegenseitigen Verpflichtungen beginnen, wie sie in der Geschichte ohne Beispiel ist." (Global 2000, 1981, S. 19-22).

Die notwendigen Veränderungen übersteigen jedoch die Möglichkeiten einzelner Nationen, weshalb eine Zusammenarbeit über politische Grenzen hinweg gefordert wird, da Umweltprobleme an Grenzen nicht Halt machen würden. Es sei nun die Zeit zum Handeln erreicht, um den prognostizierten Ereignissen vorzubeugen, beziehungsweise sie zu mildern. Es werden mutige und phantasievolle Maßnahmen gefordert, die zur Herstellung eines besseren sozialen und wirtschaftlichen Zusammenlebens auf der Erde führen sollen. Es müsse ein verbesserter Umgang mit Ressourcen zum Schutz der Umwelt stattfinden. Werden keine konkreten Handlungen gesetzt, so wird die Welt „aufgrund verpasster Gelegenheit im Jahr 2000 eine andere sein und der Schritt ins Jahr 21. Jahrhundert werde nicht leicht sein" (Global 2000, 1981, S.90).

11. Vergleich der Prognosen mit dem Jahr 2000

Um die genannten Prognosen und Auswirkungen im nächsten Kapitel zu bewerten, möchte ich nun darauf eingehen, inwieweit die angesprochenen Prognosen mit den tatsächlichen Gegebenheiten im Jahr 2000 übereinstimmen. Die Prognosen werden in diesem Kapitel auf ihre Genauigkeit geprüft.

Die Studie von Global 2000 prognostizierte einen Anstieg der Weltbevölkerung im Jahr 2000 auf 6,35 Mrd. Menschen. Mit einer tatsächlichen Bevölkerungszahl unseres Planeten von 6,1 Mrd. im

Jahr 2000 wurde dieser Wert ziemlich genau getroffen. Die Vorhersage für die Bevölkerungszahl der Volksrepublik China stimmt exakt mit dem tatsächlichen Wert von 1,3 Mrd. im Jahr 2000 überein (www.dsw-online.de/info-service/weltbevölkerung).

Der charakteristische Unterschied in Bezug auf das Bruttosozialprodukt zwischen den entwickelten und den weniger entwickelten Ländern besteht weiterhin, beziehungsweise wurden die Unterschiede noch größer. Exemplarisch sei hier die USA herausgegriffen. Das vorhergesagte Bruttosozialprodukt pro Kopf ist mit 14.212 US$ viel zu niedrig prognostiziert worden wie auch das tatsächliche BSP im Jahr 2000 von knapp 40.000 US$ pro Kopf. Für Nigeria wurden 698 US$ prognostiziert, tatsächlich erreicht wurde im Jahr 2000 ein Bruttosozialprodukt pro Kopf von knapp 1000 US$ (http://www.welt-auf-einen-blick.de/wirtschaft/bsp-absolut.php).

Auch wenn die Studie in Bezug auf das Klima keine genaue Aussage, sondern lediglich drei Szenarien aufgezeigt hat, so ist doch relevant, wie sich das Klima bis zum Jahr 2000 entwickelt hat. Von 1976 bis 2000 kam es zu einem durchschnittlichen Temperaturanstieg von 0,7°C. Somit kann man vom Eintreten des zweiten Falles sprechen. Es ist zu einer Erwärmung der durchschnittlichen Welttemperatur von 0,7° gekommen (vgl. ADAC Weltatlas, 2000, S. 25).

Die Erdölpreise sind von 8 US$ je Barrel im Jahr 1970 bis zum Jahr 2000 auf 30 US$ je Barrel angestiegen. Die Abhängigkeit der Menschheit vom Erdöl ist nach wie vor gegeben. Es zeigt sich, dass die früheren Einschätzungen des Berichtes Global 2000 mit ihrer Prognose des Erdölproduktionsmaximums Mitte bzw. Ende der 90er Jahre erstaunlich genau waren (http://www.blogigo.de/kopf_voran/Oelpreisentwicklung/500/). Die Menschheit darf mindestens 40 weitere Jahre auf die Erdölreserven- und Ressourcen zurückgreifen, wobei die Erforschung weiterer Öllagerstätten voranschreitet (vgl. Brugmann, 2000, S. 12)

Hingegen behaupteten sich die Prognosen über die Nahrungsmittelpreise nicht. Statt wie vorhergesagt, um 35 bis 115 Prozent anzusteigen, fielen die Nahrungsmittelpreise um annähernd 50% (www.politik-poker.de/eine-anstiftung-zum-optimismus.php).

Die Vorhergesagte der Wasserbedarfssteigerung trat ein. Hauptursache ist die Zunahme der Weltbevölkerung. Es sind verschiedene Angaben über die Anzahl der betroffenen Menschen zu finden die an Wassermangel litten. Im Jahr 2000 besaßen etwa eine Mrd. Menschen keine gesicherte Trinkwasserversorgung (http://www.unicef.de/wasservoräte.html); andere Quellen sprechen schon von zwei Mrd. Menschen, die an Wassermangel im Jahr 2000 litten (vgl. ADAC

Weltatlas, 2000, S. 57).

Das Abholzen, vor allem der tropischen Wälder, setzte sich bis zum Jahr 2000 und bis heute fort. Schätzungsweise werden seit 1990 jedes Jahr zwischen 14 und 16 Mio. Hektar Wald abgeholzt, wobei ein Großteil davon auf die tropischen Wälder sowie auf die Regionen Afrika und Südamerika entfällt (www.safnet.org/aboutforestry/world.cfm).

Beeindruckend genau ist die Vorannahme, dass es bei der Nutzung von Kernenergie zu Unfällen mit radioaktiven Abfällen oder gar zu Reaktorunfällen größeren Ausmaßes kommen kann. Beachtenswerterweise wurde dies fünf Jahre vor dem Unglück 1986 in Tschernobyl prognostiziert. Bis heute hat kaum eine Regierung ein anwendungsfähiges Konzept erstellt, das die Gefahr von Reaktorunfällen oder Atommülltransporten beseitigen könnte.

Es wurde geschätzt, dass bis zum Jahr 2000 mindestens 500.000 Pflanzen- und Tierarten aussterben werden. Stattdessen „verschwanden einige Dutzend der bekannten Spezies" (ADAC Weltatlas, 2000 S. 26). Derzeit existieren ca. 1,7 Mio. Pflanzen- und Tierarten auf unserem Planeten (ADAC Weltatlas, 2000, S. 26). Schätzungsweise 30% aller Wirbelarten sind in den letzten 30 Jahren ausgestorben (vgl. Julian, 2007, S. 39).

12. Die Bewertung der Studie Global 2000

Die Studie welche im Jahr 1981 erschien wurde unterschiedlich von den verschiedenen politischen Behörden bewertet und es wurden unterschiedliche Schlussfolgerungen daraus gezogen. Aufgrund der geringen Datenlage über dieses Thema beschränken sich meine Ausführungen auf die Vereinigten Staaten von Amerika und auf den deutschsprachigen Raum.

12.1. Die Bewertung der amerikanischen Regierung

Als die Studie am 23.07. 1981 erschien, sorgte sich Jimmy Carter um 52 in Teheran festgehaltene US- Amerikaner, weshalb das Erscheinen der Studie kaum mediales Interesse fand. Der damalige Vorsitzende der US-Notenbank, Paul Volcker, hob den Leitzins im Jahre 1979 stark an, um die Inflation einzudämmen. Die Amerikaner gingen im November 1980 wählen. Der Leitzins kletterte bis Dezember 1980 auf 21,5%. Der Normalwert für den Leitzins beträgt eher 3-4%. Es war damals ein teures Vergnügen, einen Kredit aufzunehmen. Die Wähler taten, was sie konnten, sie wählten den Präsidenten ab. Bis zu seiner Abwahl durch die Wahlniederlage am 04.11.1980 blieben dem amerikanischen Präsidenten nur wenige Monate, um gezielte Handlungen vorzunehmen, um die Probleme zu mindern. Gleich nach Amtsantritt entließ der neue Präsident, der Republikaner Ronald

Reagan, alle 50 hauptamtlichen Mitarbeiter der Studie innerhalb eines Monats. Die bereits begonnene Folgestudie „Global Future – it´s time to act " wurde gar nicht mehr veröffentlicht (nach CDG, 1985, S. 28).

Eine internationale Behandlung der Ergebnisse dieser Studie ist bis heute nicht erfolgt. Man findet zwar oft diese Studie zitiert, aber Handlungen und Konsequenzen in einem erforderlichen Ausmaß wurden weltweit nicht umgesetzt. Selbst auf sämtlichen Weltwirtschaftsgipfeln wurde nie auf die bedrohlichen Probleme eingegangen. Mit Carter begann eine neue Energiepolitik in den USA und mit Carter endete sie auch (vgl. Brugmann, 2000, S. 24).

12.2. Die Bewertung der Studie im deutschsprachigen Raum

Die Studie wurde in Deutschland 500.000-mal verkauft und gilt als Bibel der Umweltschutzbewegung (www.wikipedia.de). Doch die Studie wurde im deutschen Bundestag beschönigt. Der deutsche Bundestag hielt zwar 1981 eine Debatte (mit einem Ausmaß) von vier Stunden ab, aber lediglich der Forschungsminister warnte vor einer Resignation vor den anstehenden Problemen. Dabei blieb es auch, es wurden keine weiteren Expertengruppen, Behörden, Ämter oder Institute beauftragt, auf die genannten Probleme einzugehen (nach CDG, 1985, S. 55). Leider ließen sich für die Schweiz keine Fakten finden über den Umgang und die Bewertung dieser Studie. In Österreich wurde die Umweltschutzorganisation „Global 2000" im Jahre 1982 gegründet. Diese Organisation ist bis heute aktiv und der Name geht auf die amerikanische Studie zurück. Die Organisation deckt Umweltskandale auf und übt somit Druck auf die Politik und Wirtschaft aus, es werden aber auch Alternativlösungen von der Organisation aufgezeigt (www.global2000.at/pages/introUNS.htm).

12.3. Die Bewertung der Studie durch Carter und Barney und ihre Konsequenzen

Gänzlich andere Konsequenzen zog Jimmy Carter aus der von ihm initiierten Studie. Präsident Carter beauftragte 1981 umgehend den Rat für Umweltqualität und sein Staatsministerium (State Department) damit, ein Handlungsprogramm zu entwickeln, dass den in "Global 2000" aufgezeigten Problemen, effektiv entgegentreten sollte. Binnen eines halben Jahres lag dieses Programm vor: Der Bericht "Global Future: Time to Act" erstreckt sich auf nahezu alle in "Global 2000" angesprochenen Problembereiche. Folgende Maßnahmen wurden darin vorgeschlagen: Forschungsförderung, Finanzierung von Handlungsprogrammen ,Gründung nationaler und internationaler Beraterkommissionen, die Einberufung nationaler und internationaler Konferenzen, Stützung und Steuerung privatwirtschaftlicher Initiativen, die den im Bericht definierten amerikanischen Interessen (u.a... Sicherung der Führungsposition der USA unter den westlichen Industrienationen) entsprechen sowie die Verabschiedung internationaler Resolutionen, Zielprogramme und Richtlinien. Jedoch wurde dieses Handlungsprogramm nie veröffentlicht.

Unter dem neuen konservativen US-Präsidenten Ronald Reagan wurde das Handlungsprogramm wie bereits erwähnt, nicht weiter verfolgt, der Rat für Umweltqualität völlig umbesetzt und die meisten wissenschaftlichen Mitarbeiter innerhalb von zwei Wochen ohne Abfindung entlassen (www.lexikon-der-nachhaltigkeit.de/global2000).

Jimmy Carter erkannte die Tragweite seiner von ihm initiierten Studie und setzte als einer der wenigen Politiker auch nach seiner Amtszeit konkrete Handlungen fort.

Er gründete mit seiner Frau 1982 das nach ihm benannte non-profit Center „The Carter Center". Dieses wird bis heute von ihm geleitet. Das Carter Center wird privat finanziert und arbeitet in über 65 Ländern bei verschiedenen Hilfsprogrammen mit. Das „Carter Center" hat ein jährliches Budget von 36 Mio. US$. und es arbeitet nach folgenden fünf Prinzipien:

- Ergebnisse, aufgrund von Forschung und das Setzen von rechtzeitigen Aktionen stehen im Vordergrund
- Der Aufwand anderer wird nicht vergrößert
- Das Risiko des Scheitern wird akzeptiert
- Unabhängigkeit bei der Lösungssuche
- Der Glaube an die Menschheit, ihr Leben zu verbessern durch die Ausstattung von Fähigkeiten, Wissen und dem Zugang zu Ressourcen

Die Arbeitsbereiche des Centers erstrecken sich auf die internationale Wahlbeobachtung, auf die Stärkung der Demokratie und die Verteidigung der Menschenrechte sowie auf das Ausrotten herkömmlicher Krankheiten in den Regionen von Südamerika und Afrika (www.catercenter.org/homepage.html).

Im Jahr 2002 erhielt Jimmy Carter den Friedensnobelpreis für seinen jahrzehntelangen Aufwand zum Finden friedlicher Lösungen bei internationalen Konflikten, für die Verbreitung von Demokratie und Menschenrechten und das Vorantreiben von Entwicklungen auf ökonomischer und sozialer Basis. Sowie für seine Mühen um friedliche Konfliktlösung vor allem in afrikanischen Ländern (Äthiopien, Kenia, Nairobi) und für seinen Einsatz für die Bekämpfung von Tropenkrankheiten, zum Beispiel des Guinea-Wurms*(www.unikassel.de/fb5/frieden/themen/Friedenspreise/carter.htm).

Der Leiter der Studie „Global 2000", Dr. Gerald O. Barney, befasste sich auch nach dem Erscheinen der Studie mit den aufgezeigten Problemen. Er ergänzte die eigentliche Studie von 1981 mit einem Appell an das Gewissen der Menschheit. Das 100 Seiten umfassende Buch „Global 2000 Revisited" (1993 erschienen) befasst sich mit den Problematiken von Armut, Gewalt, Hass,

Korruption, Drogen, Aids, Schulden, Waffengewalt und endet mit dem Zitat: „Im 21. Jahrhundert,
wird die Erde noch mehr überbevölkert sein, es wird mehr Umweltverschmutzung sowie eine
instabile Wirtschaftslage geben und die ökologischen Probleme werden weiter wachsen!" (eigene
Übersetzung aus dem Englischen, www.milleniuminstitue.net/publications/G2R.html).

All die genannten Initiativen, die Jimmy Carter vorantrieb und die Voraussagen von Barney zeigen,
dass sie Vordenker ihrer Zeit waren. Beide wurden auf verschiedenen Ebenen und in verschiedenen
Bereichen tätig, um ein friedvolles Zusammenleben der Menschen zu erreichen. In Kapitel 13
werden kurz die wichtigsten politischen Aktionen und Handlungen seid dem Erscheinen der Studie
„Global 2000" im Jahr 1981 aufgezeigt und bewertet.

*Die Larven des Guinea-Wurms werden über verseuchtes Trinkwasser aufgenommen. Diese können sich zu einem, bis zu einem Meter langen Wurm
entwickeln, der bei den Betroffenen unter der Haut lebt und zu starken Fieberanfällen und Übelkeit führt. Der Wurm ernährt sich vom menschlichen
Gewebe. Er ist unter der Haut tastbar. Eine schmerzhafte Entfernung des Wurmes ist möglich
(www.goruma.de/reisemedizin/reisekrankheiten/guinea_wurm.html).

13. Die Maßnahmen der Politik seit 1981

Seit dem Erscheinen der Studie 1981 beschloss die Politik Maßnahmen, die dem Schutz der
Umwelt dienen sollte. 1982 verabschiedete die UN-Generalversammlung die „World Charter for
Nature". Sie dient als Verhaltenskodex für die Behandlung der Reichtümer der Erde und fordert
Maßnahmen zum Erhalt der natürlichen Lebensräume. Im Jahr 1987 erschien der Brundtland-
Bericht, der eine Definition von Nachhaltiger Entwicklung beinhaltet. Als Folge des Berichts wurde
beschlossen weitere Konferenzen abzuhalten. Auf der Konferenz von Rio de Janeiro 1992 wurde
von 160 Staaten beschlossen, die Klimarahmenkonvention zu unterzeichnen, mit dem Ziel, die
Treibhausgase bis zum Jahr 2000 auf das Niveau von 1990 zu reduzieren. Sie trat 1994 in Kraft und
wurde von 50 Staaten ratifiziert. Des weiteren wurde auf dieser Konferenz die „Agenda 21"
verabschiedet. Die „Agenda 21" ist ein Aktionsprogramm für Nachhaltige Entwicklung im 21.
Jahrhundert. Das wohl bekannteste Umweltschutzprotokoll ist das „Kyoto-Protokoll", welches 1997
verabschiedet wurde. Es schreibt die verbindlichen Ziele für die Verringerung von verschiedenen
Treibhausgasen fest. Die unterzeichneten Staaten verpflichteten sich, bis zum Jahr 2012 ihre
Treibhausemmisionen im Durchschnitt 5,2% unter das Niveau von 1990 zu reduzieren. Erst 2005
trat es in Kraft, nachdem 55 Staaten es ratifiziert hatten. Es fehlen Länder wie die USA und
Australien. Auf dem Weltgipfel von Johannesburg im Jahr 2002 über nachhaltige Entwicklung
wurden zahlreiche Beschlüsse gefasst. Allerdings besitzen diese keinerlei Zeitvorgaben, rechtliche
Verbindlichkeiten oder Sanktionen bei Nichteinhaltung
(www.nachhaltigkeit.info/artikel/geschichte/545.htm).

Vergleicht man nun die schwammigen Maßnahmen der Politik mit den gesetzten Aktionen einzelner Personen, zum Beispiel Jimmy Carter, so erkennt man, dass man auch als Einzelperson viel für die Umwelt tun kann.

Im nächsten Kapitel sei es mir gestattet, darauf einzugehen, inwieweit ich der Meinung bin, ob es eine Grenze des Wachstums überhaupt geben kann und wenn ja, wo die Grenze des Wachstums wäre.

14. Wo ist die Grenze des Wachstums?

Die meisten Prognosen der Studie „Global 2000" erwiesen sich für mich als erschreckend richtig und regen mich an, diese Zeilen zu formulieren.

Wachstum bedeutet für mich die qualitative und/ oder quantitative Vergrößerung eines Produkts oder einer Sache in einer bestimmten Zeit.

In der Wirtschaft, ist das Bruttoinlandsprodukt der umfassendste Indikator für die Gesamtleistung einer Volkswirtschaft. Als ein Indikator für die konjunkturelle Entwicklung dient die Veränderung des Bruttoinlandprodukts bzw. des Bruttosozialprodukt in einem Zeitablauf. Als eine der wichtigsten makroökonomischen Zielsetzungen wird unter anderem ein zügiges Wirtschaftswachstum (zum Beispiel 2%) genannt (vgl. Altmann, 2006). Dies bedeutet, dass das Bruttoinlandsprodukt beziehungsweise das Bruttosozialprodukt ständig wachsen müsse. In den verschiedensten Medien findet man oft Angaben über das Wirtschaftswachstum oder die Produktionssteigerung in Prozentangaben in einem Jahr. Ziel ist es nun, jährlich auf eine Produktions-, Wirtschafts- oder Umsatzsteigerung von 2% zu kommen. Geht man nun zum Beispiel in der Produktion von einer Steigerung von 2% jährlich aus, so erhöhen sich nicht nur die Produktion, sondern auch der Energiebedarf und die Umsätze dementsprechend. Der Ausgangswert ist nun also höher als der im Vorjahr, um 2%. Nun ist im nächsten Jahr wiederum das Ziel, diese 2% zu erreichen. Dabei vergisst man, dass eben das Ausgangsniveau schon höher ist. Setzt man dies über Jahre so fort, so verdoppelt sich in ca. 35 Jahren der Ausgangswert. In der Mathematik spricht man von einer steigenden Exponentialfunktion, deren Anstieg mit zunehmender Zeit immer steiler wird. Das heißt, dass im derzeitigen kapitalistischen Wirtschaftssystem bei einem Wachstum von 2% jährlich, es zu einer Verdopplung des Ausgangswertes in nur 35 Jahren kommt. Es werden also nach 35 Jahren doppelt so viele Rohstoffe und Energie verbraucht wie im Ausgangsjahr. Da sich der Energie- und Rohstoffbedarf verdoppelt, steigert sich auch die Umweltbelastung, um den Bedarf zu decken.

Jedoch wissen wir, dass bestimmte Rohstoffe und Ressourcen nur begrenzt zur Verfügung stehen und unsere Umwelt sehr sensibel auf menschliche Einflüsse reagiert.

Wenn wir vom Wachstum sprechen, müssten wir vielleicht daran denken, dass unsere Erde ein starrer Planet ist, der keinerlei Möglichkeit besitzt, Mitzuwachsen und sich auszudehnen. Unsere Erde wird nicht größer und wird nicht mitwachsen, wenn wir die Rohstoffe aufgebraucht haben und die Umwelt weiter beansprucht haben, in dem Maße wie bisher. Die Firma „unsere Erde" existiert schon mehrere Milliarden Jahre und sie ist es wert, auf humanem Wege erforscht und erhalten zu werden. Wir haben als Menschen die freie Entscheidung in allen Generationen, diese Firma nicht Pleite gehen zu lassen.

 Ein weiteres Problem sehe ich beim friedvollen Zusammenleben der Menschen.

In den letzten Jahren kam und kommt es zu einer makaberen Verschiebung der Prioritäten. Auf der Erde kommen auf 100.000 Menschen 565 Soldaten und lediglich 65 Ärzte. Die Kosten für den Irakkrieg der USA sind höher als die Sozialausgaben für ihre eigene Bevölkerung. Die Gelder für Entwicklungshilfe weltweit sind weit unter dem Wert dessen, was für Rüstung investiert wird. (www.uni-muenster.de/PeaCon/wuf/wf-86/8651200m.htm). Hier ist ein Umdenken nötig, um die Prioritäten zurechtzurücken. Einhergehend mit einer gewaltsamen Konfliktlösung, ist die Vernichtung der Umwelt in den Kriegsregionen und demzufolge auch der Verlust von Rohstoffen und Ressourcen. Jede Waffe oder Rakete, die abgeschossen wird, ist eigentlich ein Diebstahl an denen die keine Kleidung oder ausreichend Nahrung besitzen.

Die Einstellungen der Menschen gegenüber anderen Menschen und der Natur und Umwelt sollte sich entscheidend ändern. „Was geht es uns an, wenn der Meeresspiegel steigt aufgrund des Klimawandels und der Temperaturerhöhung und die Polkappen und das Grönlandais abschmelzen, wir wohnen ja im Gebirge." Erwähnt sei, dass bei einem Anstieg des Meeresspiegels um einen Meter viele Küstenstädte und Länder wie Bangladesh und von Holland etwa 33% der Landesfläche verschwinden würden, unter anderem die schönen Städte Amsterdam, Rotterdam und Den Haag mit dem Sitz des internationalen Kriegsverbrechertribunals.

Das menschliche Handeln ist auf Eigeninteresse ausgerichtet. Man handelt so, dass man die höchsten Gewinne für sich, seine Familie oder sein Land erzielt. Nach dem Motto: „Ich brauche ein größeres Haus, ein schnelleres Auto, ein besseres Boot." Dieser Wettbewerb um Gewinne bedeutet: Da wo es Gewinner gibt, gibt es auch Verlierer. Unser Streben nach Luxus belastet die Umwelt und die Menschheit sehr. Es gibt kein Miteinander sondern eher ein Gegeneinander.

Die Globalisierung ist weltweit im Gange. Ich sage: Die Globalisierung der Wirtschaft ist weltweit im Gange." Die Globalisierung des Friedens und der Umwelterhaltung ist nur in einzelnen Regionen im Gange. Wenn es der Menschheit irgendwann gelingt, auch global den Frieden und die Umwelt zu fördern, ist die Globalisierung optimal. Die Menschheit ist eine große Familie und sollte unabhängig von Weltanschauungen und Religionen ihren Erhalt fördern.

Ich selber kann mich leider in einigen genannten Punkten wieder entdecken. Ich weiß nicht, ob es eine Grenze des Wachstums gibt oder geben kann, aber ich weiß, dass es verantwortungslos wäre, wenn die Menschheit nichts für die Umwelterhaltung täte. Einige Gedanken, wie dies geschehen könnte, will ich im letzten Kapitel darstellen.

15. Eigene Gedanken zur Umwelterhaltung

Grundsätzlich sollte man auch andere Lösungen im Blickfeld haben. Die Probleme durch Wirtschaftswachstum zu lösen, kann man hinterfragen. Vielleicht gibt es ein Wirtschaftssystem, welches auch ohne Wachstum funktioniert. Es würde nur so viel produziert, wie wir auch wirklich brauchen. Wenn Wirtschaftswachstum unbedingt sein muss, dann auf dem Gebiet der Forschung und Entwicklung und für alternative Ressourcennutzung.

Damit der Bedarf an Ressourcen aufgrund der explodierenden Bevölkerungszahlen weiterhin gedeckt werden kann, ist das Bevölkerungswachstum einzudämmen. Man kann sicher niemandem verbieten Kinder zu bekommen, aber durch Aufklärung und finanzielle Unterstützung (durch Umschichtung von Rüstungsausgaben auf andere Gebiete) ist eine Änderung des prognostizierten Wachstums langfristig möglich.

Unser Denken und Handeln sollte auch für Folgegenerationen eine lebenswerte Existenz auf der Erde sichern.

Es müsste zu einer Änderung der Ideologie der Menschheit kommen. Das Motto „höher, schneller, weiter" gilt es in den Hintergrund zu schieben. Die Zufriedenheit, das Zusammensein und die Umwelterhaltung sollten in den Vordergrund rücken.

Jeder sollte bei sich selber anfangen. Statt mit dem Auto zu fahren, das Rad nutzen, den Müll trennen, Fair-Trade-Produkte kaufen, sich organisieren und Aktionen und Handlungen setzen.

Wir sind als Menschen nur kurz Gast auf dieser Erde und sollten sie ordentlich wieder verlassen.

Was wäre passiert, wenn Jimmy Carter wieder gewählt worden wäre. Vielleicht hätten sich die USA weltweit als eine führende Nation in Sachen Umweltschutz etablieren können und auf andere Nationen herabschauen können, nicht weil es in anderen Ländern an Demokratie mangelt, sondern an einer fehlenden nachhaltigen Umweltpolitik. Eine Welt, in der Umweltschutz und Frieden im Vordergrund stehen könnte, war damals zum Greifen nahe.

16. Zusammenfassung

Da die meisten der Prognosen der Studie „Global 2000" eintraten, ist ein Umdenken nötig. Es hat sich herausgestellt, dass der Faktor Mensch die Umwelt aktiv gestalten kann. Dies kann entweder Umwelterhaltung und Umweltschutz sein oder Ausbeutung der Umwelt und deren Ressourcen. Auf dem Gebiet der Umwelt- und Friedenspolitik sollte schnellstmöglich ein Umdenkungsprozess stattfinden.

„Der Mann, der den Berg versetzte, war derselbe, der anfing, kleine Steine wegzutragen." *(Chinesisches Sprichwort)*

17. Quellenverzeichnis

Literaturquellen:

* ADAC VERLAG GMBH. 2000: *ADAC Weltatlas 2000.* München
* BRUGMANN, D. 2000: *Von der Ölkrise zur OPEC-Krise und zur nächsten Ölkrise.* Zeitschrift für Friedenspolitik 3, S. 8-14. Zürich
* CARL-DUISBURG-GESELLSCHAFT (CDG), 1985: *Umweltzerstörung als Zukunftproblem-die amerikanische Studie „Global 2000".* Berlin
* JULIAN, A. 2007: *Über sich wandelndes Klima in Zeiten ökonomischer Wachstumsstasis.* Graswurzel 1/07: 38-39. Wien
* KAISER, R. 1981: *Global 2000.* Frankfurt am Main

deutschsprachige Internetquellen:

* http://www.wikipedia.de/wiki/Grenzen_des Wachstums -21.04.07-
* http://www.welt-auf-einen-blick.de/wirtschaft/bsp-absolut.php -21.04.07-
* http://www.blogigo.de/kopf_voran/Oelpreisentwicklung/500/ -21.04.07-
* http://www.politik-poker.de/eine-anstiftung-zum-optimismus.php -22.04.07
* http://www.unicef.de/wasservoräte.html -22.04.07-
* http://www.dsw-online.de/info-service/weltbevölkerung -28.04.07-
* http://www.goruma.de/reisemedizin/reisekrankheiten/guinea_wurm.html -01.05.07-
* http://www.nachhaltigkeit.info/artikel/geschichte/545.htm -01.05.07-

- http://www.uni-muenster.de/PeaCon/wuf/wf-86/8651200m.htm -01.05.07-
- http://www.wikipedia.de -05.05.07-
- http://www.lexikon-der-nachhaltigkeit.de/global2000 -05.05.07
- http://www.unikassel.de/fb5/frieden/themen/Friedenspreise/carter.html -06.05.07-
- http://www.global2000.at/pages/introUNS.htm -07.07.05-

englischsprachige Internetquellen:

- http://www.safnet.org/aboutforestry/world.cfm -02.05.07-
- http://www.catercenter.org/homepage.html -05.05.07
- http://www.milleniuminstitue.net/publications/G2R.html -08.05.07-

sonstige Quellen:

- Altmann A. 2006: Unterlagen zur Vorlesung *„Grundlagen und Theorien der Volkswirtschaftslehre"*. Universität Innsbruck

BEI GRIN MACHT SICH IHR WISSEN BEZAHLT

- Wir veröffentlichen Ihre Hausarbeit, Bachelor- und Masterarbeit

- Ihr eigenes eBook und Buch - weltweit in allen wichtigen Shops

- Verdienen Sie an jedem Verkauf

Jetzt bei www.GRIN.com hochladen und kostenlos publizieren